股市獵人王友民

外匯選擇權

操作戰法

王友民◎著

第1篇

看懂外匯趨勢　掌握買賣點

第2篇

活用對沖交易　多空都能賺

第1篇

看懂外匯趨勢
掌握買賣點

第1章　外匯市場簡介

Note

課程內容

- 第1章：外匯市場簡介
- 第2章：各國貨幣價格波動相關性分析
  美元、歐元、英鎊、瑞郎、澳幣、加幣、日圓
- 第3章：影響匯率價格主要因素
  總經GDP、產業供需、熱錢效應、利率決策
- 第4章：外匯選擇權基本介紹
- 第5章：外匯選擇權對沖交易策略
- 第6章：外匯交易工具組合應用

 名詞解釋

選擇權（Options）

選擇權是一種權利契約，買方支付權利金、賣方支付保證金後，便有權利在未來約定的某特定日期（到期日），依約定之履約價格（Strike Price），買入或賣出一定數量的約定標的物。依權利型態區分，可分為買權（Call Option）及賣權（Put Option）。

期貨（Futures）

承諾在固定期限內，以一個特定價格買入或賣出固定數量的商品或金融產品。過去，期貨市場買賣的多為農產品及礦產，近幾年來延伸至金融產品，包括公債、貨幣及股票指數。合約價格則由買賣雙方在交易所內公開喊價或以電子撮合的方式交易。

第2章　各國貨幣價格波動相關性分析

Note

___

名詞解釋

遠期利率協定（Forward Rate Agreement, FRA）
指買賣雙方約定在未來某特定期間，依據契約上的名目本金訂定一個遠期對遠期的利率，到期時雙方不需交割本金，只需依據約定的市場指標利率與契約利率進行利息差價的資金收付，為一種避險的利率金融工具。

美元日K線

Note

_____

_____

_____

名詞解釋

特別提款權（Special Drawing Right, SDR）

由國際貨幣基金組織（IMF）創設的一種國際儲備資產，由一籃子貨幣組成。SDR 並非一種貨幣，也不是對 IMF 的索款權，而是作為 IMF 會計上的記帳單位，便於會員國之間結算。會員國可以用特別提款權向其他會員國換取可自由兌換外幣，支付國際收支逆差，或償還國際貨幣基金貸款，但是不能直接用於貿易或非貿易支付。

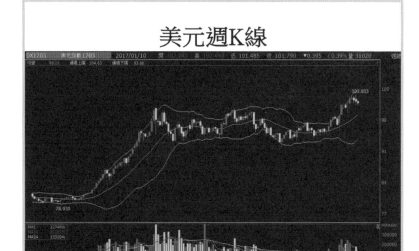

![Note]

美元對台灣股市金融類股

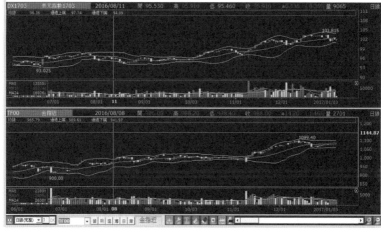

ote

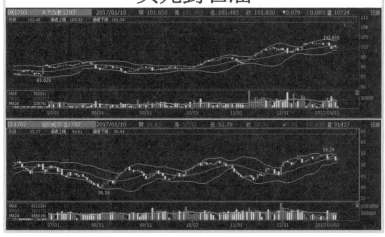

_____

_____

_____

通貨膨脹（Inflation，簡稱通膨）
指一定期間內，物價水準持續相當幅度上漲的現象。

通貨緊縮（Deflation，簡稱通縮）
指當市場上的貨幣減少，貨幣購買能力上升，於是人們傾向於儲存貨幣而非投資或消費，導致物價下跌；長期的貨幣緊縮會抑制投資與生產，使得失業率升高與經濟衰退。

美元對美股

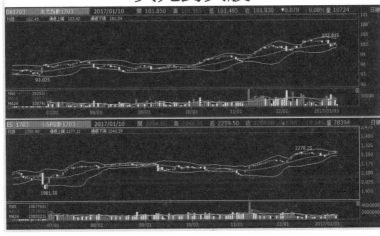

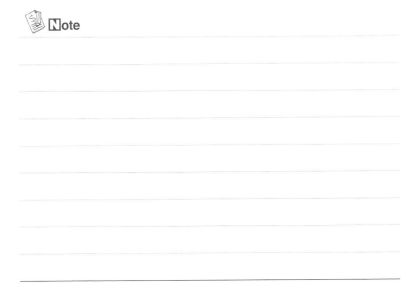

 Note

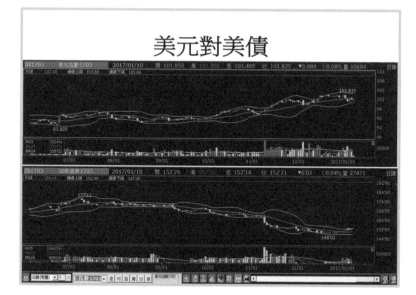

Note

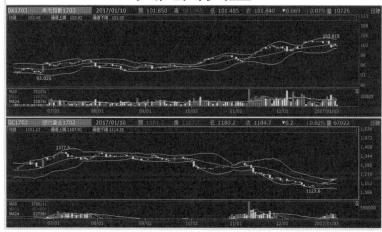

美元對黃金

指數股票型基金（Exchange Traded Funds, ETF）
全名為「指數股票型證券投資信託基金」，意指將指數證券化，
是一種在證券交易所買賣，提供投資人參與指數表現的基金，ETF
基金以持有與指數相同之股票為主，分割成眾多單價較低之投資
單位，發行受益憑證。

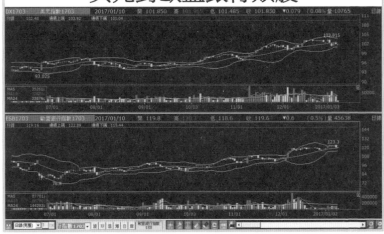

✍ **Note**

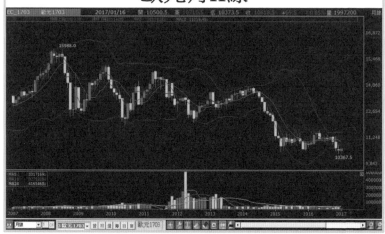

歐元月K線

Note

名詞解釋

英國脫離歐盟公投

脫歐公投為 2016 年 6 月 23 日，英國國內就其歐盟成員地位的去留問題舉辦的公投。在選前民調落後的脫歐派，最後得到 1,700 多萬票，比留歐派多出 110 多萬票，得票率近 52%。

歐元對法國股市

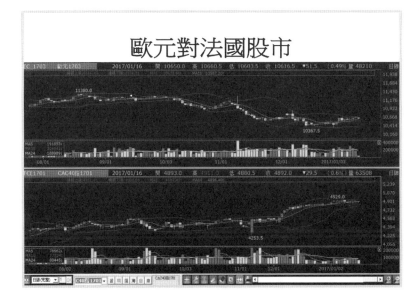

 Note

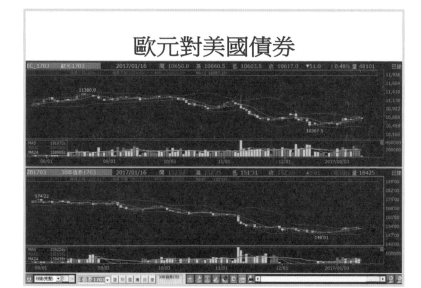

歐元對美國債券

歐元對黃金

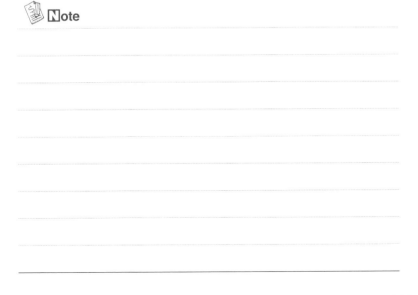

✎ **Note**

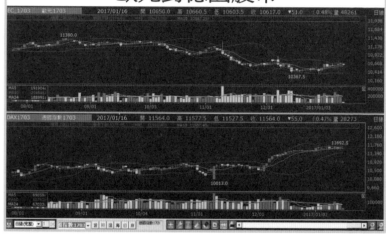

Note

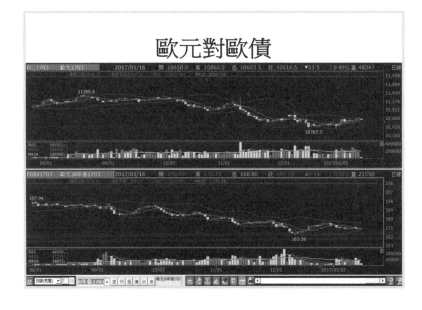

📝 **N**ote

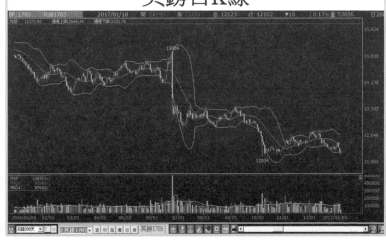

英鎊日K線

![Note]Note

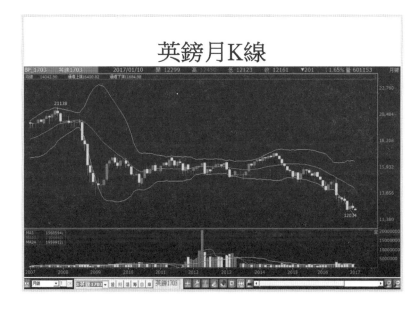

英鎊月K線

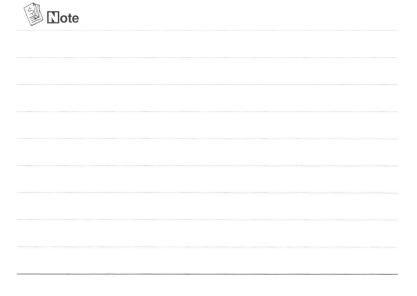

Note

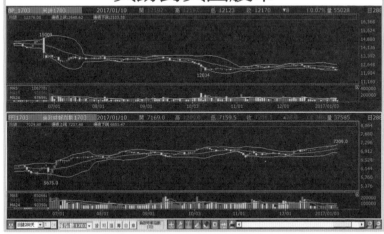

Note

名詞解釋

牛市（Bull Market）

又稱為多頭市場，是指證券市場上價格走高的市場。其相反為熊市（空頭市場）。稱為牛市的原因，是因價格上揚時市場熱絡，投資人與證券經紀人擠在狹小的證券交易所中，萬頭攢動，如傳統牛市集的圈牛群一般壯觀。

英鎊對英國債

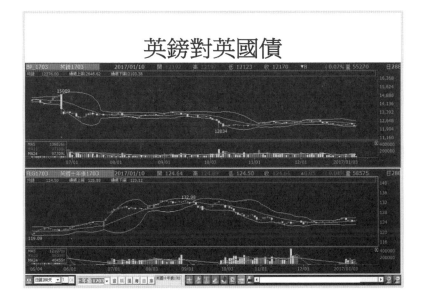

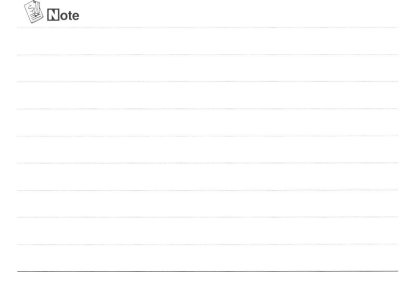

Note

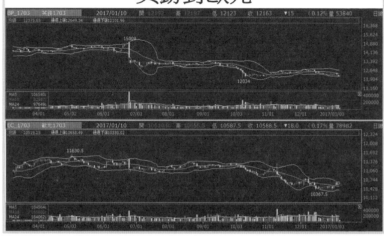

名詞解釋

量化寬鬆貨幣政策（Quantitative Easing, QE）

當短期利率接近零，無法再下降，央行須尋求非傳統性工具，如直接自民間大量購入中長期資產等，直接影響中長期利率（及實質利率），並藉由通膨預期管道、財富管道、信用管道與匯率管道來傳遞貨幣政策效果，進而提振經濟成長。

日圓期貨介紹

- 日圓期貨恰為日圓匯率的倒數
- 例如1美元兌換80日圓，則期貨點數等於
  1/80＝0.0125
  再乘以100萬＝1萬2,500（點）
- 例如1美元兌換120日圓，則期貨點數等於
  1/120＝0.008333
  再乘以100萬＝8,333（點）
  由此可知點值變大即為升值，點值變小即貶值。
  表現在技術分析的均線也是如此

Note

名詞解釋

恐慌指數（Volatility Index, VIX）

VIX 指數用來反映 S&P 500 指數期貨的波動程度，當指數飆高時，
代表市場震盪變大，投資人對於未來行情看法偏悲觀；反之，當
指數下降，代表投資人對未來市場行情預期趨於穩定。

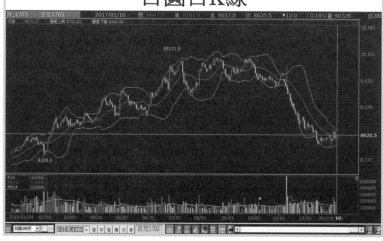

日圓日K線

Note

名詞解釋

安倍經濟學

日本首相安倍晉三於 2012 年 12 月 26 日就任之後,為擺脫日本長達 15 年的通貨緊縮困境,重振國內經濟,因而提出安倍經濟學的三箭計畫(寬鬆貨幣政策、擴大財政刺激、結構性經濟改革),亦即所謂「安倍三箭」。

日圓月K線

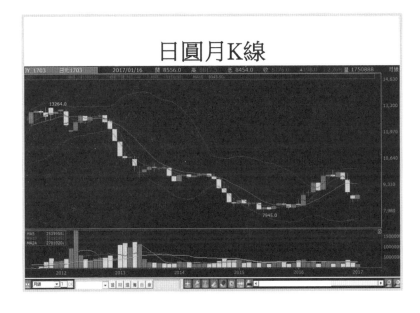

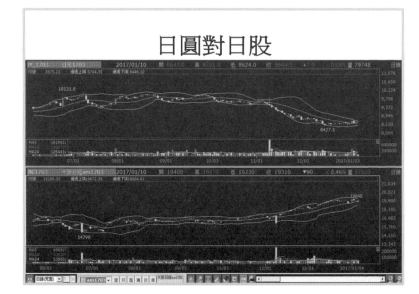

日圓對日股

Note

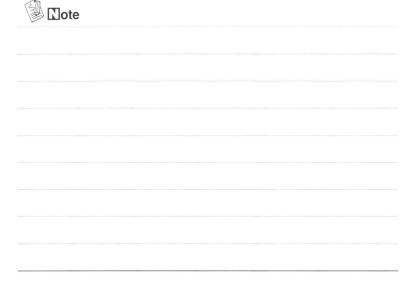

日圓對印度股市

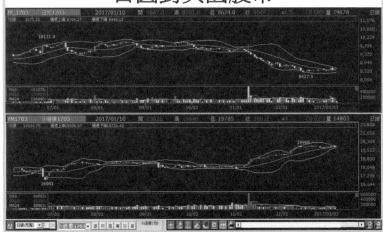

日圓對美國股市

💭 **N**ote

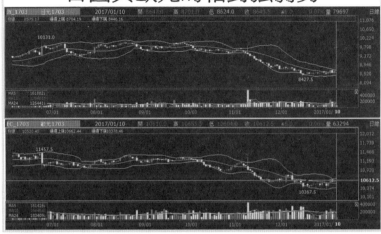

日圓與歐元的相對強弱勢

Note

日圓對歐債

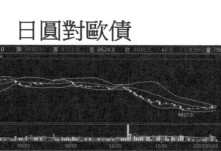

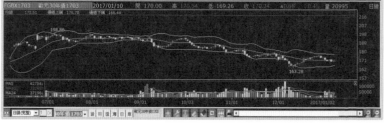

Note

澳幣

- 澳大利亞自然資源豐富，盛產羊、牛、小麥和蔗糖，是世界上最大的羊毛和牛肉出口國
- 澳大利亞漁業資源豐富，捕魚區面積大出國土面積16%，是世界上第3大捕魚區，主要水產品有對蝦、龍蝦、鮑魚、金槍魚、扇貝、牡蠣等
- 澳大利亞礦產資源豐富，是世界上最大的鋁礬土、氧化鋁、鑽石、鉭生產國，鉛、鎳、銀、鈾、鋅、鉭探明儲量居世界首位

Note

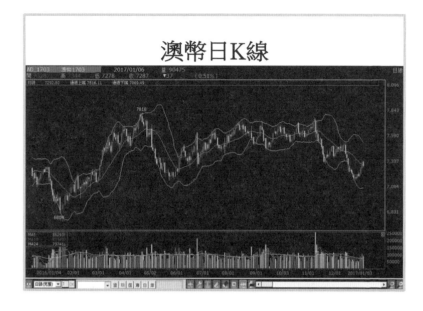

澳幣日K線

Note

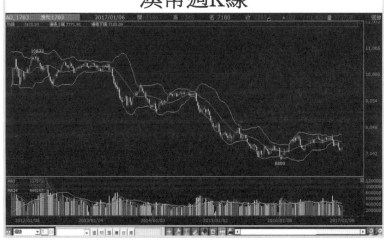

澳幣週K線

📝 **N**ote

澳幣月K線

Note

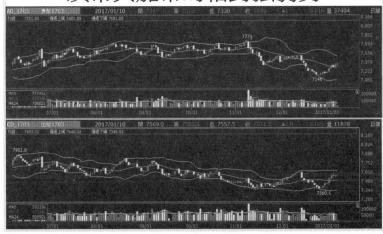

澳幣與加幣的相對強弱勢

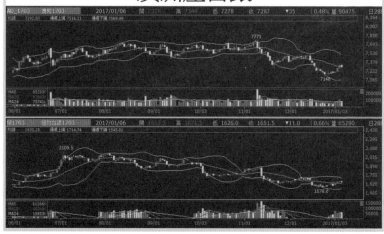

名詞解釋

供需法則

在自由經濟體制之下，市場型態以自由競爭為前提，因此產品在市場的價格，取決於供給與需求。若供給者相互競爭，將導致物價下跌；若需求者相互搶購，將導致物價上漲。

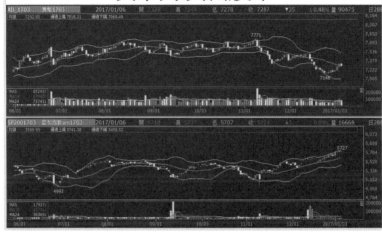

澳幣對澳洲股市

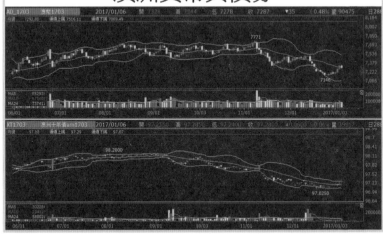

Note

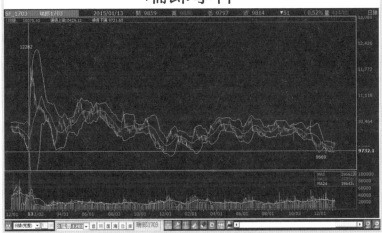

瑞郎事件

 Note

 TIPS

瑞士法郎（瑞郎）2015 年與歐元脫鉤

瑞士法郎原來與歐元掛鉤 ，1 歐元兌 1.2 瑞郎為上限，貶值則無限制。2015 年 1 月 15 日，瑞士央行宣布放棄掛鉤機制，讓瑞郎自由浮動，同時宣布降息 2 碼至 -0.75%。

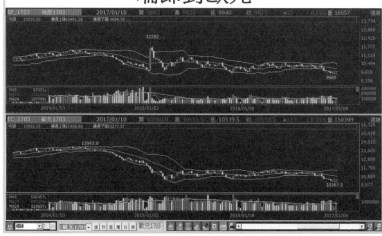

瑞郎對歐元

Note

名詞解釋

超額損失（Over Loss）

客戶買賣期貨合約後，若因部位的虧損而導致保證金的權益總值
變成負數時，則稱為超額損失。

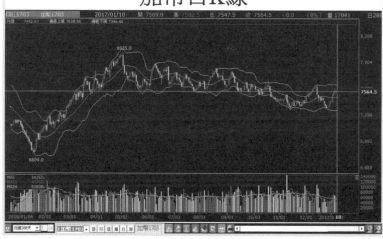

加幣日K線

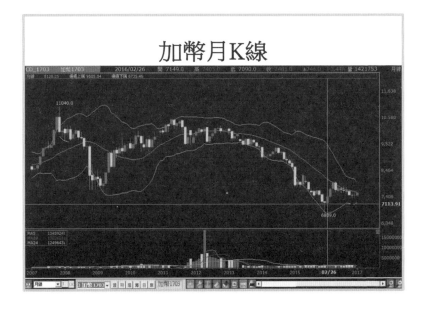

Note

加幣對石油日K線

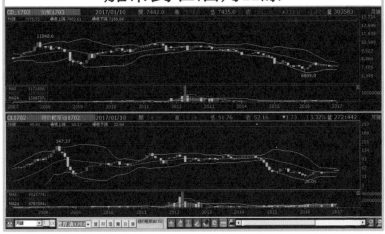

加幣對石油月K線

Note

名詞解釋

美國頁岩油

由於開採技術的進步，美國頁岩油（頁岩層中的石油）產量呈現爆發性成長，並使該國成為能源自給國、輸出國，雖然俄國、中國等國家也富含頁岩油資源，但受限於技術與地理環境，目前仍以美國為最主要開採國。

第3章　影響外匯價格變動的主要因素

Note

主要影響外匯價格變動的因素

- 利率平價理論
- 購買力理論
- 匯市、股市、債市的替代效果
- 各國央行的政策目標
- IS-LM-BP 曲線的對應利率
- 各國資源稟賦的價格反射
- 美國聯準會的利率決策

Note

根據強弱勢指標所設計的策略

市場趨勢預期	不預期
基本面 籌碼面 消息面 技術方法 型態學 波浪理論	相異商品的價格關係 相吸或互斥的市場關係 發散或收斂的上下游價格 布林通道重疊 移動平均線的偏離程度
相信分析方法	相信交易結果
依據分析結果布局	依據相互關係布局
選擇權布局： 買強空弱 賣方權利價值高於買方 設定出場時機	選擇商品的過程不同，但是選擇權布局方式原則一樣
如果沒有對應的選擇權，仍應給部位設定 一個合適的出場時間點	

Note

名詞解釋

波浪理論（The Wave Principle）

1930 年代由艾略特（Ralph Nelson Elliott）所提出，主張一個完整的價格趨勢，會照著波浪規律來運行。基礎的波浪走勢共有多頭 5 波及空頭 3 波。第 1 波到第 5 波指的是多頭的過程，共有 3 個主要的上升走勢（第 1、3、5 波）及 2 個回檔修正（第 2、4 波）。

主題式交易：外匯、指數、債券、能源、貴金屬、農作物

- 與相對強弱勢指標之關聯性：不同商品間的趨勢作用
- 導入有效期限投資法的交易策略
- 預期理論：波浪K棒、型態、結算日行情

Note

進入主題：
不同商品間的選擇權策略

- 同商品不同月份
- 同商品不同履約價
- 同商品不同交易所
- 不同商品
- 哪些是相對強弱勢指標

Note

名詞解釋

履約價（Strike Price／Exercise Price）
買賣權證及選擇權，跟券商約定交易相關證券或商品的價格。

Note

第2篇

活用對沖交易
多空都能賺

外匯選擇權基本介紹

外匯選擇權對沖交易策略

不同工具的組合應用

如何交易外匯選擇權

選擇權與其他工具比較之優勢

第4章　外匯選擇權基本介紹

名詞解釋

台指選擇權的 4 種操作
買進買權（Buy Call）：預期指數將快速大漲（看多）；
買進賣權（Buy Put）：預期指數將快速大跌（看空）；
賣出買權（Sell Call）：預期指數將盤整偏跌（看空）；
賣出賣權（Sell Put）：預期指數將盤整偏漲（看多）。

買權（Call Option）
在契約到期日或到期日前，以約定價格（稱為履約價格或執行價格）購買約定標的物之權利。

賣權（Put Option）
在契約到期日或到期日前，以約定價格賣出約定標的物之權利。

外匯選擇權基本介紹

- 選擇權基本認識
- 更基本介紹請參考筆者專書

1.選擇權的定義：看漲與看跌的權利

2.選擇權的分類：歐式選擇權，到期現金結算

美式選擇權，未到期可轉換為期貨

3.時間價值：未到期前的交易價格

4.內含價值：各交易價格減除時間價值

5.價內價外價平：價外的交易價格全部是時間價值

🖊️**N**ote

選擇權基本認識

先有賭局、再訂規矩

選擇權定義	一般博弈術語
選擇權是一種權利契約，買方支付權利金後，便有權利在未來約定的某特定日期（到期日），依約定之履約價格（Strike Price），買入或賣出一定數量的約定標的物	下注壓大或壓小

Note

名詞解釋

買權（Call）的價內、價平、價外

價內（In-the-money）：履約價＜標的價格；

價平（At-the-money）：履約價＝標的價格；

價外（Out-of-the-money）：履約價＞標的價格 。

選擇權的分類

- 依權利型態區分，可分為買權（Call Option）及賣權（Put Option）

買權（Call）	賣權（Put）
是指該權利的買方有權在約定期間內，以履約價格買入約定標的物，但無義務一定要執行該項權利；而買權的賣方則有義務在買方選擇執行買入權利時，依約履行賣出標的物	是指該權利的買方有權在約定期間內，以履約價格賣出約定標的物，但無義務一定要執行該項權利；而賣權（Put Option）的賣方則有義務在買方選擇執行賣出權利時，依約履行買進標的物
Call過來：買權，看未來數值變大	Put出去：賣權，看未來數值變小

Note

名詞解釋

賣權（Put）的價內、價平、價外
價內（In-the-money）：履約價＞標的價格；
價平（At-the-money）：履約價＝標的價格；
價外（Out-of-the-money）：履約價＜標的價格。

選擇權的分類

- <u>依履約期限區分</u>，可分為美式選擇權及歐式選擇權

美式選擇權（American Option）	歐式選擇權（European Option）
美式選擇權的買方有權在合約到期日前的任何一天要求行使買入或賣出的權利	歐式選擇權的買方必須於合約到期日當日方可行使買入或賣出的權利
美式：轉換權，可以要求把選擇權轉成期貨	

✏️ **Note**

內含價值與時間價值

內含價值（Intrinsic Value）	時間價值（Time Value）
對買權而言，內含價值是指「現貨價格高於履約價的部分」，若用數學式表示即MAX（現貨價－履約價，0），上式是指取「現貨價－履約價」與「0」之間較大值的意思；對賣權而言，剛好相反，即「履約價高於現貨價的部分」，用數學式表示即「MAX（履約價－現貨價，0）」	指選擇權市價減去內含價值的部分
本來在前面，如今被超前	時間還沒到，行情還沒來

Note

名詞解釋

內含價值（Intrinsic Value）
選擇權履約價格與標的物市價的差距，權利金減去內含價值為時間價值。

時間價值（Time Value）
時間價值是選擇權價值超過履約價值的部分。當買權的現貨價低於履約價、賣權的現貨價高於履約價，它就只有時間價值而無內含價值。距離到期日的時間愈近，它的時間價值也愈低。

外匯選擇權基本介紹

- 外匯選擇權將全面改為歐式選擇權，外匯美式選擇權只餘201612、201703、201706，其他月份均為歐式選擇權
- 賣方保證金：權利金市值＋MAX（期貨原始保證金/2，期貨原始保證金－價外值/2）

外匯選擇權	最後交易日	期貨保證金	Tick	幣別	交易時間
英鎊	每月公告	2,035	6.25	USD	06：00～05：00
澳幣	每月公告	1,980	10.00	USD	06：00～05：00
加幣	每月公告	1,705	10.00	USD	06：00～05：00
歐元	每月公告	3,905	12.50	USD	06：00～05：00
日圓	每月公告	2,970	12.50	USD	06：00～05：00

 Note

 名詞解釋

權利金（Option Premium）
指買方支付給賣方，作為將來買進或賣出約定標的物的權利價金。

外匯選擇權的交易環境

| 商品 | NYM紐約商業交易所 ▼ | 紐約輕原油1609 ▼ | ◎畫面設定 | ⬆上一頁 | ⬇下一頁 | ✱美式選擇權說明 |

標的　紐約輕原油1609　　▲1.20　　515627

			買權Call						09月			賣權Put						
結算價	賣張	賣出價	買張	買進價	最高	最低	成交量	成交價	履約價	成交量	成交價	最低	最高	買進價	買張	賣出價	賣張	結算價
						3.70	3	40.50	2444	0.05	0.04	0.10	0.03		0.05	86	
	1			1.19	2.49		484	41.00	8434	0.05	0.05	0.14			0.06	100		
					2.56		50	41.50	6457	0.08	0.07		0.07		0.13	476		
	72			1.42	1.58		264	42.00	6692	0.10	0.09	0.30			0.30	2		
	1			0.35	1.35		370	42.50	3834	0.13	0.13	0.42	0.13		0.40	1		
				0.94			1557	43.00	4819	0.19	0.19	0.60	0.18		0.26	294		
				0.68			2815	43.50	3998	0.29	0.29	0.84			0.41	1		
	60			0.48			4100	44.00	4392	0.43	0.43	1.06	0.05		0.49	1		
	9			0.33			3740	44.50	2030	0.63	0.61	1.38	0.72		0.83	9		
	88		0.23		0.22		11180	45.00	996	0.92	0.90		1.02		1.34	1		
			0.11		0.17		4289	45.50	64	1.41	1.36	1.85	0.05		1.62	1		
	75		0.16		0.12		6553	46.00	196	1.82	1.82	2.24	0.84					

Note

外匯選擇權的下單環境

買低點Call、賣高點Call即為多頭價差交易，獲利有限，但是風險也有限

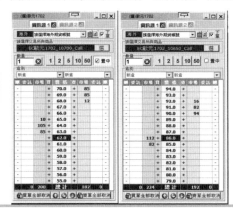

 Note

名詞解釋

建倉、持倉、平倉

在期貨市場中，投資者買１口期貨合約，稱為「建倉」；如果持續擁有這１口期貨合約，稱為「持倉」（也稱「未平倉」）；在結算日前將期貨合約售出，稱為「平倉」。

外匯選擇權的下單環境

買高點Put、賣低點Put即為空頭價差交易，獲利有限，但是風險也有限

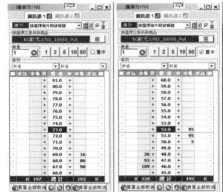

外匯選擇權的下單環境

兩邊同時買進即為跨式交易，盤整時損失權利金，但是大行情時獲利無限

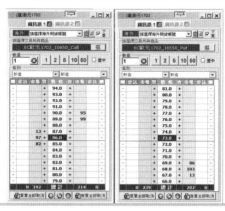

📝 **Note**

外匯選擇權的下單環境

兩邊同時賣出即為勒式交易，盤整時賺權利金，但是風險無限

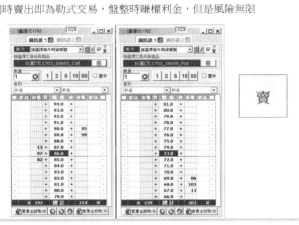

Note

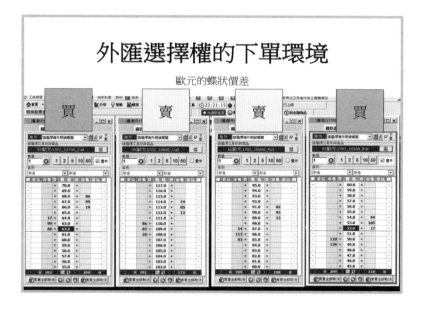

外匯選擇權的下單環境

歐元的兀鷹價差

買　賣　賣　買

Note

第5章　外匯選擇權對沖交易策略

📝 Note

外匯選擇權對沖交易策略

買方策略	賣方策略
預期價格會來	預期價格不會來
大行情	小行情

所謂順勢交易，就是局勢會造成相對強弱勢，於是買強空弱

Note

名詞解釋

黑天鵝事件

在歐洲人發現澳洲之前，他們只知道天鵝是白色的，難以想像這世界有不是白色的天鵝。直至後來在澳洲見到黑天鵝，驚覺自己無知。因此有人寫了一本書名為《黑天鵝》，意思是極不可能發生的事竟然發生，出乎大家的預測之外。所以「黑天鵝」通常具有 3 個特徵，第一，事件出現是一般期望範圍以外；第二，「黑天鵝」會帶來極大衝擊；第三，「黑天鵝」是幾乎不可能預測的，發生後，周圍的人事後孔明，解釋出現原因和他們為什麼可以預測到。

選擇權市場的零和市場 主要二分法

- 一方空手、一方持倉
- 一方看漲、一方看不漲
  （看漲Buy-Call、看不漲Sell-Call）
- 一方看跌、一方看不跌
  （看跌Buy-Put 、看不跌Sell-Put）

📝 **Note**

對沖交易

- 原則1：建立市場中立的部位
  舉例1：英鎊做多、歐元做空，反映對美元不預設立場

  舉例2：加幣做多、澳幣做空，反映對油價不預設立場

✐ **Note**

對沖交易

- 原則2：建立互相對抗的部位
  舉例1：英鎊選擇權做多、歐元選擇權做空

  舉例2：英鎊選擇權做多、英國時報指數選擇權做多

📝 **Note**

對沖交易

- 原則3：賣方所收到的權利金須大於買方
  舉例1（同上）：買進英鎊買權、同時賣出歐元買權，且賣方權利價值大於買方

  舉例2（同上）：買進澳幣買權、同時賣出加幣買權，且賣方權利價值大於買方

📝 **Note**

對沖交易

- 進場時機
  當市場震盪出符合原則時，才可以進場

- 出場時機
  1.計時開始：當設定出場時間到時，不論實際輸贏都平倉
  2.當賣方獲利已經大於買方權利金總值
  3.當賣方歸零，買方持續留倉
  4.當買方獲利大於賣方損失
  5.當損失已經到達停損點

Note

選擇權對沖交易口訣

因為種種因素	所以我覺得盤勢走向	於是我在選擇權上布局	舉例說明
AB同向	看A會漲、看B也會漲	A-Buy Call & B-Buy Call	因為美元跌，所以黃金漲、歐元也漲
AB同向	看A會跌、看B也會跌	A-Buy Put & B-Buy Put	因為美元漲，所以黃金跌、歐元也跌
AB負向	看A會漲、看B會跌	A-Buy Call & B-Buy Put	英國股市漲、英鎊跌
AB同向，變量不同	看A會漲、並且漲幅大於B	A-Buy Call & B-Sell Call	加幣的漲幅大過澳幣的漲幅
AB同向，變量不同	看A會跌、並且跌幅大於B	A-Buy Put & B-Sell Put	英鎊的跌幅大過歐元的跌幅

📝 **Note**

選擇權對沖交易口訣

因為種種因素	所以我覺得盤勢走向	於是我在選擇權上布局	舉例說明
AB為互相影響的商品	看A會漲、看B不會跌	A-Buy Call & B-Sell Put	30年長債會漲、10年債不會跌
AB為互相影響的商品	看A會跌、看B不會漲	A-Buy Put & B-Sell Call	美股會跌、但是美元不會漲
AB同向	看A不會漲、看B不會漲	A-Sell Call & B-Sell Call	石油不漲、原物料行情也不會漲
AB同向	看A不會跌、看B不會跌	A-Sell Put & B-Sell Put	石油不跌、加幣也不會跌
AB為互相影響的商品	看A不會漲、看B不會跌	A-Sell Call & B-Sell Put	美股雖然看不漲、但是英國股市也不會跌
AB受影響程度不同	看A的波動小、看B的波動大	A賣出勒式收權利金、B買進跨式	歐元的波動小、英鎊的波動大

掌握局勢，布局各種面向，算好時間，時間到就出場

Note

第6章　不同工具的組合應用

Note

各種外匯類金融商品分析

- 選擇權可以有多種策略迎向市場變化
- 選擇權可以同時看多又看空

外匯選擇權	集中市場	買賣方不同	各履約價不同
外匯期貨	集中市場	合約規格固定	點差小交易量大
外匯保證金交易	櫃台買賣	10～100倍	買賣間點差
銀行換匯	櫃台買賣	無槓桿	買賣間點差

📝 **Note**

對未平倉部位的保護措施

- 買方最多只會歸零，賣方卻有無限風險，當對沖效果不顯著時，表示買方歸零，而賣方損失，此時須啟動保護部位

- 以選擇權保護的方式，包括賣出對沖部位收權利金，買進價外履約價，使原始賣方成為有限風險

- 期貨避險，對已經產生無限賣方風險的部位，以期貨反向沖銷

Note

不同商品間的策略

買歐元期貨＋買進歐元賣權

📝 **Note**

不同商品間的策略

買歐元期貨＋賣出歐元買權

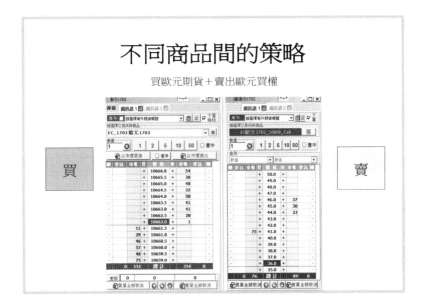

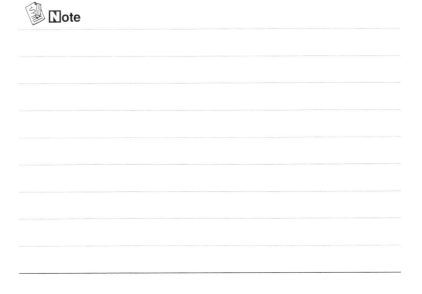

Note

不同商品間的策略

歐元的比例價差

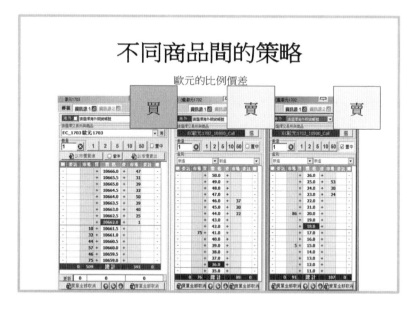

📝 **Note**

不同商品間的策略

歐元的期貨多方對SC＋BP價差

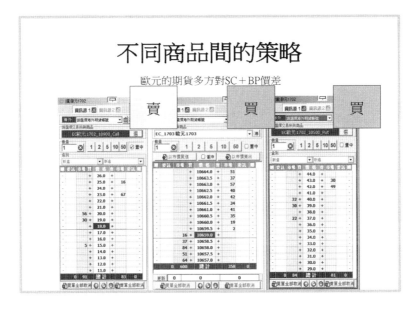

Note

結語：如何交易外匯選擇權
正負相關性與相對強弱性

進場準備	心態	工具選擇	交易方法
預期理論	主觀交易	皆可	預設進出場點位
預期理論	主觀交易	選擇權	順勢交易
不預期理論	客觀交易	外匯期貨	程式交易
不預期理論	客觀交易	選擇權	對沖交易

Note

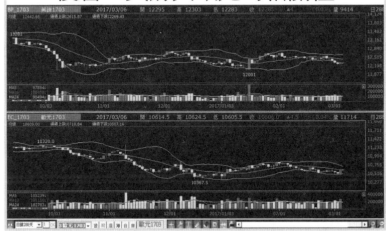

複習：英鎊與歐元的相關性

複習：加幣與澳幣的相關性

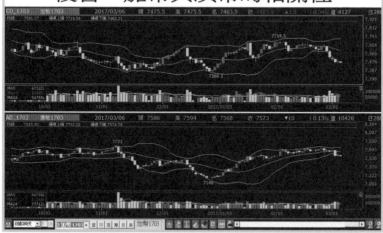

📝 **Note**

複習：日圓與美債的相關性

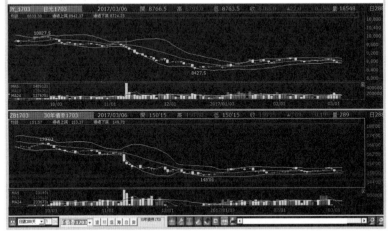

 Note

_____

_____

_____

_____

_____

_____

_____

選擇權與其他工具比較之優勢

- 多重組合可提高勝率，降低損失
- 同商品組合成價差交易或時間價差
- 異商品間根據正負相關係數，組合成順勢交易或對沖交易
- 可扮演買方或賣方，在不同趨勢環境中都有獲利機會
- 每個月結算，可與現貨及外匯保證金交易組成保護部位

Note

名詞解釋

布林通道（Bollinger Bands，BBand）

布林通道也稱為包寧傑帶狀、保力加通道或布歷加通道，是由約翰·包寧傑（John Bollinger）在 1980 年代發明的技術分析工具。

外匯選擇權之風險

- TRF為外匯選擇權的一種，主要為賣方策略，所以風險無限，過去許多公司不慎產生大量虧損，故應深入了解避險結構
- 外匯選擇權的買方可能獲利無限，具有良好的避險效果，適合持有外國資產的投資人；而賣方須承受無限風險

 Note

 名詞解釋

目標可贖回遠期契約（Target Redemption Forward，TRF）

一種衍生性金融商品，中央銀行將其分類為外匯選擇權類的商品。交易方式由消費者向銀行買一個選擇權、賣一個選擇權，以合成一個遠期契約，並對「未來匯率走勢」之交易條件進行約定。

Smart 智富

股市獵人王友民
外匯選擇權操作戰法

作者	王友民
商周集團	
榮譽發行人	金惟純
執行長	王文靜
Smart 智富	
社長	朱紀中
總編輯	林正峰
攝影	翁挺耀
資深主編	楊巧鈴
編輯	李曉怡、林易柔、邱慧真、胡定豪、施茵曼
	連宜玫、劉筱祺
資深主任設計	黃凌芬
封面設計	廖洲文
版面構成	林美玲、張麗珍、廖彥嘉
資深影音編輯	陳俊宇
出版	Smart 智富
地址	104 台北市中山區民生東路二段 141 號 4 樓
網站	smart.businessweekly.com.tw
客戶服務專線	（02）2510-8888
客戶服務傳真	（02）2503-5868
發行	英屬蓋曼群島商家庭傳媒股份有限公司城邦分公司
製版印刷	平面藝術文具印刷有限公司
初版一刷	2017 年（民 106 年）3 月

Smart智富 讀者服務卡

為了提供您更優質的服務，《Smart智富》會不定期提供您最新的出版訊息、優惠通知及活動消息。請您提起筆來，馬上填寫本回函！填寫完畢後，免貼郵票，請直接寄回本公司或傳真回覆。Smart傳真專線：**(02)2500-1956**

1.我同意《Smart智富》透過電子郵件，提供最新的活動訊息與出版品介紹。
  我的電子郵件信箱：_____

2.購買本書的地點為：□超商，例：7-11、全家
　　　　　　　　　　□連鎖書店，例：金石堂、誠品
　　　　　　　　　　□網路書店，例：博客來、金石堂網路書店
　　　　　　　　　　□一般書店
　　　　　　　　　　□量販店，例：家樂福、大潤發、愛買

3.您最常閱讀《Smart智富》哪一種出版品？
  □Smart智富月刊（每月1日出刊）□Smart密技（每單數月25日出刊）
  □Smart理財輕鬆學 □Smart叢書 □Smart DVD

4.您有參加過《Smart智富》的實體活動課程嗎？
  □有參加 □沒興趣 □考慮中 或對課程活動有任何建議或需要改進事宜：

_____

5.您希望加強對何種投資理財工具做更深入的了解？
  □現股交易 □當沖 □期貨 □權證 □選擇權 □房地產 □海外基金
  □國內基金 □其他

6.對本書內容、編排或其他產品、活動，有需要改善的事項，歡迎告訴我們，如希望《Smart智富》提供其他新的服務，也請讓我們知道：

_____

您的基本資料：（請詳細填寫下列基本資料，本刊對個人資料均予保密，謝謝）

姓名：_____　　　性別：□男 □女

出生年份：_____　　　聯絡電話：_____

電子郵件信箱：_____

通訊地址：
_____縣/市_____區/市/鄉/鎮_____村/里____鄰_____路____段____號
____樓之_____

從事產業：□軍人、□公教、□農業、□傳產業、□科技業、□服務業、 □自營商
　　　　　□家管

●填寫完畢後請沿著右側的虛線撕下。